执行主编/顾家城

全国青少年校外教育活动指导教程丛书

中国教育学会少年儿童校外教育分会秘书处　组编

◎青少年科技教育◎

西 游 后 传
——单片机智能控制

推荐单位　北京市朝阳区青少年活动中心

韩寅生　张雪梅／本册主编

毕德华　赵满明　卜树红／编著

云南大学出版社

图书在版编目（CIP）数据

西游后传·单片机智能控制 / 毕德华，赵满明，卜树红编著. -- 昆明 : 云南大学
出版社，2011

（全国青少年校外教育活动指导教程丛书 / 高彦明主编. 青少年科技教育）
ISBN 978-7-5482-0400-8

Ⅰ. ①西… Ⅱ. ①毕… ②赵… ③卜… Ⅲ. ①单片微型计算机－智能控制－青年读
物②单片微型计算机－智能控制－少年读物 Ⅳ. ①TP368.1-49

中国版本图书馆CIP数据核字(2011)第049882号

西游后传——单片机智能控制

编　　著：毕德华　赵满明　卜树红
责任编辑：于　学　李　红
封面设计：马小宁

出版发行：云南大学出版社
印　　装：昆明市五华区教育委员会印刷厂
开　　本：710mm×1000mm　1/16
印　　张：8
字　　数：110千
版　　次：2011年6月第1版
印　　次：2011年6月第1次印刷

书　　号：ISBN 978-7-5482-0400-8
定　　价：35.00元

地　　址：云南省昆明市翠湖北路2号云南大学英华园
邮　　编：650091
电　　话：0871-5033244　5031071
网　　址：http://www.ynup.com
E－mail：market@ynup.com

《全国青少年校外教育活动指导教程丛书

西游后传——单片机智能控制》编委

本册主编：韩寅生　张雪梅

编　　委：毕德华　赵满明　卜树红　郭宏春

　　　　　任士英　龙　彦　张　奇　崔深根

　　　　　韩新刚　董建峰　兰海越　田　松

作者简介

毕德华 北京市儿童少年先进工作者，北京市朝阳区优秀青少年科技辅导员，北京市朝阳区青少年活动中心副主任。多年担任校外机构科技辅导教师，培训的学生多次获北京市中小学生无线电项目竞赛一等奖。曾获北京市儿童少年先进工作者，多次获北京市朝阳区优秀青少年科技辅导员。

赵满明 北京市朝阳区青少年活动中心单片机、电子专业教师，单片机竞赛及电子技术竞赛裁判，朝阳区单片机教研组负责人。从2008年开始负责北京市朝阳区单片机竞赛和电子技术竞赛的组织工作，多次在北京市东城区、宣武区单片机竞赛中担任评委，辅导学生多次在市级竞赛中获奖。

卜树红 北京市日坛中学物理高级教师，学校科技总辅导员。多年来投身于学校青少年科技教育工作，取得了显著成绩；每年带领学生参加全国、北京市的科技竞赛，每年都有学生获得全国比赛的第一名，辅导的学生连续几年荣获北京市学生最高荣誉奖——银帆奖，该校也连续几年荣获北京市集体最高荣誉奖——金鹏奖。

郭宏春 北京陈经纶中学分校教师，承担单片机教学5年和科技辅导员工作11年。辅导学生参加北京市和朝阳区青少年单片机竞赛多次获奖，本人并获优秀辅导员称号。曾担任朝阳区青少年活动中心、北京教育学院朝阳分院单片机教研指导教师。辅导学生参加青少年业余电台竞赛、电子技术竞赛等多项科技竞赛活动，均获得好成绩。

北京市朝阳区青少年活动中心简介

　　北京市朝阳区青少年活动中心是一所隶属于教育系统的综合性校外教育机构，由原朝阳区少年宫和原朝阳区青少年科技馆于1991年合并组建而成。活动中心由红庙本部、新源里分部、安华里分部三个教学场地组成，总建筑面积1.5万平方米，具有一支由200余名高素质的专兼职教师组成的师资队伍，开设的活动项目有艺术类、科技类、体育类、图书类等近50余项，共有小提琴、萨克斯、长笛、琵琶、古筝、二胡、扬琴、打击乐、舞蹈、声乐、朗诵、硬笔书法、软笔书法、素描、儿童绘画、计算机、空模、车模、机器人、定向越野、无线电测向、业余电台、小发明小制作、乒乓球、国际象棋、中国象棋、围棋、健美操、武术等项目的兴趣小组近800个，参加兴趣小组活动的学生年平均1.1万人。每年组织各类群众性活动，参加人数7.6万余人次，教学规模居全市校外教育单位前列。活动中心成立了舞蹈团、合唱团、民乐团、打击乐团、戏剧团、科技模型俱乐部、棋队、武术队等，并被命名为北京金帆书画院朝阳分院、全国少年电子技师认定单位，先后与美国、日本、韩国等国家和中国香港地区建立友好往来。

　　活动中心的教育理念是：一切为孩子的兴趣着想，满足他们的成长需求，使他们的校外生活充满乐趣、健康向上，使他们每个人的个性和特长都得到充分展现，为孩子的个性发展搭建展示才华的舞台。

　　十余年来，活动中心培养的学员在各种竞赛、评比、表演中取得了优异成绩。其中获国际、全国及市级一等奖达7994人次。活动中心获区级以上先进集体荣誉40余项，两次被评为北京市校外教育先进单位，有40名教职工先后获得北京市先进工作者、北京市优秀教师等160项区级以上荣誉称号。

丛 书 前 言

　　面向广大青少年开展多种形式的校外教育是我国教育事业的重要组成部分，是与学校教育相互联系、相互补充、促进少年儿童全面发展的实践课堂，是服务、凝聚、教育广大少年儿童的活动平台，是加强未成年人思想道德建设、推进素质教育、建设社会主义精神文明的重要阵地，在教育和引导少年儿童树立理想信念、锤炼道德品质、养成良好行为习惯、提高科学素质、发展兴趣爱好、增强创新精神和实践能力等方面具有重要作用。因此，适应新形势新任务的要求，切实加强和改进校外教育工作，提高校外教育水平，是一项关系到造福亿万少年儿童、教育培养下一代的重要任务，是社会赋予校外教育工作者的历史责任。我们要从落实科学发展观，构建社会主义和谐社会，促进广大少年儿童健康成长和全面发展，确保党和国家事业后继有人、兴旺发达的高度，充分认识这项工作的重要性；要从学科建设的高度进一步明确校外教育目的，规范教育内容，科学管理手段，使校外教育活动更加生动，更加实际，更加贴近少年儿童。

　　为了深入贯彻落实《中共中央国务院关于进一步加强和改进未成年人思想道德建设的若干意见》（中发〔2004〕8号）和中共中央办公厅国务院办公厅《关于进一步加强和改进未成年人校外活动场所建设和管理工作的意见》（中办发〔2006〕4号）精神，深化少年儿童校外教育活动课程研究，总结我国校外教育宝贵经验，交流展示校外教育科研成果，为广大校外教育机构和学校课外教育活动提供一套具有现代教育理念、目标明确、体系完整、有实用教辅功能的工作参考资料，促进我国校外教育进一步科学化和规范化，中国教育学会少年儿童校外教育分会秘书处根据近年来我国校外教育发展状况和实际需求，以开展少年儿童校外课外活动名师指导系列丛书研究工作为基础，编辑出版了"全国青少年校外教育活动指导教程丛书"。

　　丛书在指导思想、具体内容和体例上，都坚持一个基本原则，就是按照实施素质教育的总体要求，立足我国校外教育实际，以满足校外教育需求为目的，坚持学校教育与校外教育相结合，坚持继承与创新相结合，坚持理论与实践相结合。要从少年儿童的情感、态度、价值观，以及观察事物、了解事物、分析事物的能力等方面入手，研究少年儿童校外教育活动课程设置，运用最先进的教育理念和最具代表性的经验进行研究、实践和创新。

　　我们对丛书的内容进行了认真规划。丛书以少年宫、青少年宫、青少年活动中心等校外教育机构教师、社区少年儿童教育工作者、学校课外教育活动指导教师，以及3~16周岁少年儿童为主要读者对象。丛书是全国校外教育名师实践经验的结晶，是少年儿童校外教育活动课程建设的科研成果。从论证校外教育活动课程设置的科学性入手，具体介绍行之有效的教学方法，并给教师留有一定的指导空间，以发挥他们的主观能动性，有利于提高教学效果。丛书采用讲练结合的方式，注重少年儿童学习兴趣的培养和内在潜能的开发，表现方式上注意突出重点，注重童趣，图文并茂，既有文化内涵，又有可读性，让少年儿童在快乐中学习。丛书的基本架构主要包括：教育理念、教育内容、教材教法、活动案例、专家点评等内容，强调体现以下特点：表现（教学内容、教学案例、教学步骤和教学演示）、知识（相关的文化知识）、鉴赏（经典作品赏析、获奖作品展示和点评）、探索（创新能力训练、基本技能技巧练习）。在各种专业知识、技能、技巧培训的教学过程中，注意培养少年儿童的以下素质：对所学领域和接触的事物应采取正确的态度，在学习过程中掌握一定程度的知识和技能，在学习过程中掌握科学的方法，提高自身能力，在学习过程中养成良好的行为习惯。丛书力争在五方面有所突破：一是课程观念。由单一的课程功能向多元的课程功能转化，使课程更具综合性、开放性、均衡性和适应性。二是课程内容。精选少年儿童终身学习必备的基础知识和技能技巧，关注课程内容与少年儿童生活经验、与现代科技发展的联系，引导他们关注、表达和反映现实生活。三是强调人文精神。在教学过程中，不仅注重技能技巧，还要强调价值取向，即理想、愿望、情感、意志、道德、尊严、个性、教养、生存状态、智慧、自由等。四是完善学习方法。将单一的、灌输式的、被动的学习方法转化为自主探索、合作交流、操作实践等多元化的学习方式。五是课程资源。广泛开发和利用有助于实现课程目标的课内、课外、城市、农村的各种因素。所以，丛书不是校外教育的统一教材，而是当代中国校外教育经验展示和交流的载体，是开展培训工作的辅导资料，是可与区域教材同时并用、相辅相成、相得益彰的学习用书。

为了顺利完成丛书的编辑出版任务，分会秘书处和各分册编辑成员做了大量的工作。我们以不同方式在全国校外教育机构和中小学校以及社会单位中进行调查研究工作，开展了"少年儿童校外教育活动课程研究"专题研讨、"全国校外教育名师评选"、"全国校外教育优秀论文和活动案例评选"等一系列专题活动，为丛书打下了坚实的群众基础；我们有计划地组织全国有较大影响的校外教育机构和学校，按照统一标准推荐在校外教育活动课程研究方面有一定建树的研究人员、一线教师参与设计和编著，增强了丛书的针对性；我们面向国内一流大学和重要科研单位，特邀知名教育专家对各个工作环节进行指导和把关，强化了丛书的权威性。该书的编辑出版得到了教育部基础教育一司、共青团中央少年部、全国妇联儿童工作部有关负责同志的肯定，得到了分会主管部门和中国教育学会、全国青少年校外教育工作联席会议办公室等有关单位的重视和支持，同时得到了各省（直辖市、自治区）校外教育机构的大力配合。

丛书是在国家高度重视未成年人思想道德建设的形势下应运而生的，是校外教育贯彻落实《国家中长期教育改革和发展规划纲要》的具体措施，更是校外教育工作者为加强未成年人教育工作做的又一件实事。我们相信，它将伴随着我国校外教育进程和发展，在服务少年儿童健康成长的过程中发挥应有的作用。

中国教育学会少年儿童
校外教育分会秘书处
2011年6月

序

在朝阳升起的地方，在这片愈加美丽的土地上，生活着这样一群可爱的教师和孩子们，他（她）们的个性得到健康的发展，彼此真诚相待，内心充满阳光，共同追求卓越，常怀感恩之心，这就是北京市朝阳区青少年活动中心。

这里的教师，为了托起"心中的太阳"，在不断地研究、梳理活动项目，力图形成具有校外教育特色，符合学生个性成长的精品课程和教材。在这个过程中，他（她）们在朝阳区校外教研室的带领下，建立了区级校外教研组，将校内外专业教师、辅导员凝聚起来，共同研讨活动项目的发展，研发新的活动内容和方式，集合校内外教师的优势，提升校内外教师指导学生参与活动的能力，推动活动在全区的开展，达到校内外教师在教育理念上的相互学习，工作中的相互支撑。本教材是校外教研组活动的成果，是校内外教师共同努力的结晶。

在探索有助于学生成长的教育之路上，校内外老师们在勤奋地耕耘。今天的成果在明天看来，也许不那么甜美，我们真诚地希望大家予以宽容并给予指正。希望本教材能够为更多的学生打开一道通向美好未来的门，带给孩子们快乐和精神上的财富。

在这里，我也代表朝阳区青少年活动中心的领导对曾经给予我们年轻教师帮助的所有同仁，表示衷心的谢意。

北京市朝阳区青少年活动中心书记
张雪梅
2011年6月

本书导言

提到智能人们会马上想起计算机、机器人，很多人都没有注意到其实智能就在我们身边，甚至是在我们做饭的时候都有"智能"的影子。在人们的家用电器里，如电视、洗衣机、微波炉、空调等，其实都有一个很小的"计算机"，就是这些"计算机"让我们的生活充满智慧。这些小小的"计算机"在工业上就叫"单片机"。

本书以单片机在生活中的应用为切入点，借助西游记人物的故事讲解单片机知识，分析单片机的应用。书中各个章节采用生活中的不同实例来说明DP801单片机的具体命令和编程方法，在分析实例的同时也渗透了"设计"的思路。

单片机是一个智能控制的载体，也是各个学科知识相互联系的纽带，更是学生实践的平台。学生在这里可以自主设计、自主实践，让自己的创意成为现实。相信随着单片机教学的深入开展，无论是学生还是教师都会有更大的提高，更多的收获！

编　者
2011年6月

目 录
CONTENTS

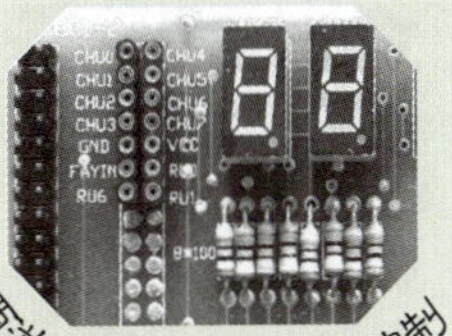

西游后传·单片机智能控制

唐僧的秘密

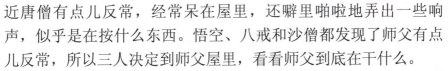

一、师徒纪事

　　西天取经回来后，唐僧师徒四人一直住在花果山，过着快乐的生活。可最近唐僧有点儿反常，经常呆在屋里，还噼里啪啦地弄出一些响声，似乎是在按什么东西。悟空、八戒和沙僧都发现了师父有点儿反常，所以三人决定到师父屋里，看看师父到底在干什么。

　　早晨，唐僧出去锻炼，悟空、八戒和沙僧就偷偷地溜进了师父的房间。他们发现师父的桌子上多了几块电子线路板，而且还有一本翻开的书——《单片机》。就在三个人正琢磨单片机是什么的时候，师父突然进来了。唐僧说："怎么一早就都到我这儿来了？""我们看您最近很少出门，担心您的身体，所以我们就过来了。"八戒说。"是啊，是啊！"沙僧连声说道。悟空说："师父，您是在做学问吗？"悟空指了指那块电路板。唐僧说："没错，我最近一直在研究单片机。""单片机是什么啊？"沙僧问道。"来，你们都坐下。"唐僧说，"我跟你们好好说说什么是单片机！"

1.什么是单片机

单片机又称单片微控制器，它不是完成某一逻辑功能的芯片，而是把一个计算机系统集成到一个芯片上。概括地讲一块芯片就构成了一台计算机。它的体积小、质量轻、价格便宜，为学习、应用和开发提供了便利条件。同时，学习、使用单片机是了解计算机原理与结构的最佳选择。

单片机的型号多种多样，应用也十分广泛，如空调、洗衣机、仪器仪表、军事设施和武器等。单片机在我们生活的各个角落发挥着作用，可以说单片机已经成为我们生活中不可或缺的一部分了。

下面我们要学习的单片机是——DP801。

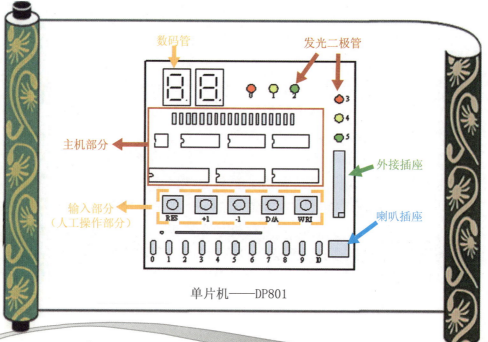

单片机——DP801

2. 单片机——DP801各部分有什么功能

（1）数码管和发光二极管：DP801的显示部分，可以显示单片机的当前状态，就相当于计算机的显示器。

（2）主机部分：这部分是DP801的核心，包含了单片机芯片、储存芯片以及相关电路。用来存储程序、运行程序以及控制键盘等设备。

（3）输入部分：包含五个按键，用来输入、修改、存储和运行程序。

①复位键（RES）：重新启动，使单片机恢复到初始状态。

②+1键：使单片机主板上的数码管显示的数值加1。

③-1键：使单片机主板上的数码管显示的数值减1。

④数据和地址转换键（D/A）：用来读取地址内的数据代码，按下去看到的是地址数，不按键看到的是数据代码。

⑤写入键（WRI）：将调整好的数据存入单片机，同时地址数自动加1。

3. 学习单片机还要准备些什么呢

（1）字节的概念：字节是计算存储量的计量单位，在DP801单片机中，我们将一个两位的十进制数称为一字节。

（2）命令：又称指令，由操作码（进行什么操作，表示命令的功能）和操作数（操作的对象，即对谁操作）构成，告诉单片机每步该做什么。

（3）程序：就是实现某一效果的一系列命令的组合。

（4）地址：为区分不同的储存单元（用来存储数据的硬件结构）所设置的编号。

4.单片机如何操作呢

让我们输入一段简单的程序

地址	操作码	操作数	
0.0.	00	00	
0.2.	02	05	01
0.5.	15		

（1）先按一次复位键（RES），使单片机复位，此时数码管显示00。

（2）用"＋1"键或"－1"键调整显示数值至00。

（3）按一次写入键，将首个数据"00"写入存储单元。

（4）用"＋1"键或"－1"键调整显示数值至00。

（5）按一次写入键，将下一个数据"00"写入存储单元。

（6）用"＋1"键或"－1"键调整显示数值至02。

（7）按一次写入键，将数据"02"写入存储单元。

（8）用"＋1"键或"－1"键调整显示数值至05。

（9）按一次写入键，将数据"05"写入存储单元。

（10）用"＋1"键或"－1"键调整显示数值至01。

（11）按一次写入键，将数据"01"写入存储单元。

（12）用"＋1"键或"－1"键调整显示数值至15。

（13）按一次写入键，将数据"15"写入存储单元。

现在让我们运行程序

第一步：按住D/A键，用"+ 1"键或"－1"键将显示的数值调整为1.0.。

第二步：同时按下写入键（未按下写入键时，D/A键不能松手，显示数字1.0.不能变化），程序即可运行。

此时单片机上的0号红灯点亮，6秒后又熄灭了。

我们再看看怎么检查程序

首先按一下复位键，然后按住D/A键，同时按"－1"键，将地址调整到"0.0."，松手看显示是否为00；然后再次按下D/A键，松手看显示是否为00；第三次按下D/A键，松手看显示是否为02。依此类推，直至程序完成。同时对照程序清单，发现错误用"+1"键或"－1"键调整，并用写入键保存修改内容。

经过唐僧的讲解，悟空明白了DP801单片机的操作方法。后来悟空还叫来了八戒和沙僧一起学习单片机，师徒四人又开始了研究单片机的旅程。

三、徒弟的新任务

将下面的程序输入到单片机里

```
00   00
00   01
00   02
02   10   01
15
```

四、徒弟的作业

师父留了作业，八戒不会了，你能帮帮他吗？

1. 把下面程序中的操作码标出来，在数字下面画横线就行。

```
00   00
00   02
00   04
02   05   01
01   00
01   02
01   04
02   01   01
10   09
```

2. 说说地址、操作码、操作数的概念。

花果山过年

一、师徒纪事

　　新年快到了，唐僧师徒打算开个联欢会，每个人都在忙着做准备。唐僧在准备节目，悟空在准备道具，沙僧在准备食品，只有八戒没什么事做。于是唐僧就给八戒派了个任务：让八戒用单片机做个彩灯，烘托一下联欢会的气氛。

　　八戒平时学习不认真，这个任务对他来说可不容易，八戒弄了好几天也没弄好。一天晚上，八戒悄悄地来到悟空的房间，求悟空帮忙。

　　"猴儿哥，咱们这么多年的交情了，这回就帮帮我吧！"八戒求悟空说，"我老猪没好好跟师父学，这彩灯我实在是不会做啊！"

　　悟空说："你还好意思说！哪次编程你不是抄我的？"

　　八戒说："好师兄啊，这回我知道错了，下回我一定好好学，求你了，师兄。"

　　悟空看八戒真的是不会做，这两天也急得够呛，心想这回八戒也算是受了教训，就答应了他。悟空说："这回一定要接受教训，听好了，我只给你讲一遍。"

二、谈经论道

1. 接通命令

（1）接通命令基本知识。

格式：00　N。　00是操作码，N是灯的代码。

N的取值范围00～07。

（2）命令功能。

接通命令是让单片机点亮主板上的小灯。00表示打开，而N表示是几号灯。如：00　04，就是让单片机点亮4号灯。

2. 断开命令

（1）断开指令基本知识。

格式：01　N。　01是操作码，N是灯的代码。

N的取值范围00～07。

（2）命令功能。

断开命令是让单片机熄灭主板上的小灯。01表示关闭，而N表示是几号灯。如：01　04，就是让单片机关闭4号灯。

回去再看看上面第一个程序，就明白了。

3. 延时命令

（1）延时指令基本知识。

格式：02 N M。02是操作码，N是时间多少，M是时间单位。

N的取值范围00～99。

M的取值范围00～03。

00——以0.1秒为单位。

01——以1秒为单位。

02——以1分钟为单位。

03——以1小时为单位。

（2）命令功能。

延时命令是让单片机等待一定的时间，在这段时间里单片机只是按命令等待规定的时间，除此以外不执行任何程序，同时在单片机主板的数码管上显示倒计时的时间（注意：延时命令在倒计时的时候要倒计时回00，所以00也要占一个单位的时间。如02 05 01其实是延时6秒）。

4. 转向命令

（1）转向命令基本知识。

格式：10 N。 10是操作码，N是地址。

N的取值范围00～99。

（2）命令功能。

转向命令是无条件的转移命令，即改变单片机运行程序的顺序。N就是要转移到的目标地址。八戒不解地问："一般程序是怎样执行的？"悟空说："当然是顺序执行了，呆子！"单片机在执行这条命令时，会按照命令所标注的地址，自动地转移过去。并执行该地址处存在的命令。转向命令常用在循环结构中，使单片机能够反复运行某一程序。八戒看着悟空心想：那不就出不来了吗？

5. 结束命令

（1）结束命令基本知识。

格式：15。　　15是操作码。

（2）命令功能。

结束命令是一条特殊的指令。它仅由一个操作码组成，没有操作数。当单片机运行到结束命令时，将退出运行程序的状态，回到编程状态。

举例分析

例：输入下面的程序，并察看效果

地址	操作码	操作数		注释
0.0.	00	00		打开0号灯。
0.2.	02	04	00	延时0.5秒。
0.5.	00	01		打开1号灯。
0.7.	02	04	00	延时0.5秒。
1.0.	00	02		打开2号灯。
1.2.	02	04	00	延时0.5秒。
1.5.	01	00		关闭0号灯。
1.7.	01	01		关闭1号灯。
1.9.	01	02		关闭2号灯。
2.1.	02	04	00	延时0.5秒。
2.4.	10	00		转向0.0.地址，执行0.0.处的程序。
2.6.	15			结束

八戒这次还真认真学，悟空只讲了一遍就把命令全弄懂了。八戒回到房间，不断编程、实验，最后终于把彩灯做好了。联欢会上，彩灯一闪一闪的，真漂亮，猴子们都用羡慕的眼光看着八戒，还弄得他有点不好意思了。

三、徒弟的新任务

想一想：怎么让单片机的0～5号灯依次点亮，然后再依次熄灭呢？

四、徒弟的作业

师父留了作业，大家都会了，你呢？

1. 让六个灯一起循环闪烁，下面要填什么呢？

```
00  __
00  __
00  __
00  __
00  __
00  __
02  05  __
01  __
01  __
```

```
01    __
01    __
01    __
01    __
02    __    00
10    __
```

2.把下面程序排序，让0～3号灯循环跑动

```
00    02
01    01
02    05    00
02    05    00
00    00
00    01
00    03
01    02
01    00
10    00
02    05    00
02    05    00
01    03
```

唐僧过生日

一、师徒纪事

一天，悟空把八戒和沙僧叫到了自己的屋里，对他们说："你们知道明天是什么日子吗？"八戒摇了摇头。沙僧想了想恍然大悟："明天是师父的生日！"悟空说："你们说咱们该怎么给师父庆祝庆祝啊？""咱们给师父做个大蛋糕，不就行了！"八戒说道。沙僧说："二师兄，哪年师父过生日不吃蛋糕啊！""对呀！"悟空说，"师父年年过生日都吃蛋糕，这回咱们得给师父来个惊喜。""怎么个惊喜啊？"八戒问道。悟空说："最近师父一直对单片机很着迷，不如这回咱们就用单片机给师父唱生日歌吧，师父肯定高兴。""对，就这么办！"八戒和沙僧一起说道。

三个徒弟想好了主意，就开始行动了。悟空去订蛋糕，另外再去请些老朋友，留下八戒和沙僧编程序。悟空知道沙僧前些天病了，没听师父讲单片机，八戒又不太用心，所以临走时把自己的笔记给了八戒和沙僧。悟空说："这是师父讲课时我记的笔记，你们拿去看看，里面有些程序，也可以参考参考。"

　　悟空不帮忙这可急坏了八戒，八戒真后悔当时没好好学。好在悟空把笔记留下了，没有办法，八戒和沙僧只好打开笔记，认真地看了起来。

三、谈经论道

1. 奏乐指令基本知识

格式：03　N　M。03是操作码，N是音高，M是音长。

N代表音高。取值范围00～27。

N取值为00时，表示休止符；

N取值（01～07），表示低音1 2 3 4 5 6 7；

N取值（11～17），表示中音1 2 3 4 5 6 7；

N取值（21～27），表示高音1 2 3 4 5 6 7。

M代表音长。取值范围00～11。

　　如果M=10，则喇叭一直处于发音状态，直到执行M=11时才停止发音。

操作数与音长对照表

操作数	音长（节拍）	时间（单位毫秒）
00	1/16	100
01	1/8	200
02	3/16	300
03	1/4	400
04	3/8	600
05	1/2	800
06	1	1600（1.6秒）
07	3/2	2400（2.4秒）
08	2	3200（3.2秒）
09	4	6400（6.4秒）
10	长期发音	
11	停止发音	

2. 命令功能

奏乐命令是让单片机演奏音乐，和我们演奏乐器一样，单片机演奏音乐也是演奏每一个音符。不同的是单片机把一个个音符变成了命令。通过执行命令，单片机才能把音乐演奏出来。

例1：用单片机演奏下面的乐谱。

1 1 5 5 ｜ 6 6 5 — ｜

地址　指令机器码　　注释

0.0.　03　11　03　奏中音1，音长为四分音符，唱一拍。

0.3.　03　11　03　同上。

0.6.　03　15　03　奏中音5，音长为四分音符，唱一拍。

0.9.　03　15　03　同上。

1.2.	03	16	03	奏中音6，音长为四分音符，唱一拍。
1.5.	03	16	03	同上。
1.8.	03	15	05	奏中音5，音长为二分音符，唱二拍。
2.1.	15			

例2：用单片机演奏"小星星"。

1 1 5 5 | 6 6 5 — | 4 4 3 3 | 2 2 1 — |
5 5 4 4 | 3 3 2 — | 5 5 4 4 | 3 3 2 — ‖

地址	指令机器码			注释
0.0.	03	11	03	奏中音1，音长为四分音符，唱一拍。
0.3.	03	11	03	同上。
0.6.	03	15	03	奏中音5，音长为四分音符，唱一拍。
0.9.	03	15	03	同上。
1.2.	03	16	03	奏中音6，音长为四分音符，唱一拍。
1.5.	03	16	03	同上。
1.8.	03	15	05	奏中音5，音长为二分音符，唱二拍。
2.1.	03	14	03	奏中音4，音长为四分音符，唱一拍。
2.4.	03	14	03	同上。
2.7.	03	13	03	奏中音3，音长为四分音符，唱一拍。
3.0.	03	13	03	同上。
3.3.	03	12	03	奏中音2，音长为四分音符，唱一拍。
3.6.	03	12	03	同上。
3.9.	03	11	05	奏中音1，音长为二分音符，唱二拍。
4.2.	03	15	03	奏中音5，音长为四分音符，唱一拍。
4.5.	03	15	03	同上。
4.8.	03	14	03	奏中音4，音长为四分音符，唱一拍。
5.1.	03	14	03	同上。
5.4.	03	13	03	奏中音3，音长为四分音符，唱一拍。
5.7.	03	13	03	同上。

6.0.	03	12	05	奏中音2，音长为二分音符，唱二拍。
6.3.	03	15	03	奏中音5，音长为四分音符，唱一拍。
6.6.	03	15	03	同上。
6.9.	03	14	03	奏中音4，音长为四分音符，唱一拍。
7.2.	03	14	03	同上。
7.5.	03	13	03	奏中音3，音长为四分音符，唱一拍。
7.8.	03	13	03	同上。
8.1.	03	12	05	奏中音2，音长为二分音符，唱二拍。
8.4.	15			结束

　　八戒和沙僧看了笔记，又对着悟空的程序做实验，终于把奏乐命令弄明白了。两个人费了九牛二虎之力，终于用单片机把生日歌准确地唱出来了。

　　生日宴会上，唐僧听到了徒弟们用单片机演奏的生日歌，十分高兴。

三、徒弟的新任务

想一想：怎么才能用单片机演奏出《上学歌》呢？

1 2 3 1 | 5 — | 6 6 i 6 | 5 — | 6 6 i |
5 6 3 | 6 5 3 5 | 3 1 2 3 | 1 — ||

四、徒弟的作业

1.师父留了作业，八戒不会了，你能帮帮他吗？

看一看下面的程序，写出与之相对应的乐谱。

地址	指令机器码	地址	指令机器码
0.0.	03 11 03	5.1.	03 14 00
0.3.	03 12 03	5.4.	03 13 03
0.6.	03 13 03	5.7.	03 11 03
0.9.	03 11 03	6.0.	03 15 02
1.2.	03 11 03	6.3.	03 16 00
1.5.	03 12 03	6.6.	03 15 02
1.8.	03 13 03	6.9.	03 14 00
2.1.	03 11 03	7.2.	03 13 03
2.4.	03 13 03	7.5.	03 11 03
2.7.	03 14 03	7.8.	03 11 03

3.0.	03 15 05	8.1.	03 05 03
3.3.	03 13 03	8.4.	03 11 05
3.6.	03 14 03	8.7.	03 11 03
3.9.	03 15 05	9.0.	03 05 03
4.2.	03 15 02	9.3.	03 11 05
4.5.	03 16 00	9.6.	15
4.8.	03 15 02		

2.用单片机演奏《两只老虎》

两只老虎

1=C $\frac{4}{4}$

1 2 3 1 | 1 2 3 1 | 3 4 5 - | 3 4 5 - |
两 只 老 虎, 两 只 老 虎, 跑 得 快, 跑 得 快,

5̲.6̲ 5̲.4̲ 3 1 | 5̲.6̲ 5̲.4̲ 3 1 | 1 5 1 - | 1 5 1 - |
一 只 没 有 眼 睛, 一 只 没 有 耳 朵, 真 奇 怪, 真 奇 怪.

霓虹灯

一、师徒纪事

花果山旅游产业发展得不错，可是一到夜晚，就那么几盏灯，太单调了，所以唐僧想给花果山做一个霓虹灯，于是唐僧和徒弟们一起坐在会议室商量起来。

唐僧说："花果山这两年旅游业发展得很快，我想给咱们花果山设计一个霓虹灯，扩大咱们的宣传，你看怎么样？"悟空说："师父，我早就这么想了，可惜的是咱们前几年没有现在的条件，要不我早就把这霓虹灯做出来了。"唐僧说："这回我打算咱们自己设计，自己安装，不知道你们有什么好方案没有？"悟空说："师父，这方案我早就设计过了。"说着从耳朵里抽出了一个小纸卷，用嘴一吹，成了一张设计图纸。

师徒四人看着图研究了一番，都觉得悟空设计得很好，于是决定采用悟空的设计。唐僧说："现在设计定了，具体的制作交给谁呢？"八戒抢着说："这事您就交给我老猪吧，肯定没问题！"悟空有点儿不放心，说："八戒，要不咱们三兄弟一起吧？"八戒说："师兄，我老猪虽说笨，可我这些年跟着师父学了不少技术……"唐僧说："好了，悟空，就让八戒试试吧。"

八戒这回还真挺努力，自己在房里弄了好几天终于把霓虹灯做好，并且把程序也编好了。八戒请大家来测试，一边测一边说："师父，我这程序可编了好几天啊，您看怎么样？"唐僧看了看说："把你的程序写下来让我看看。"于是八戒把程序清单给了唐僧，唐僧看了看叹了口气说："阿弥陀佛，八戒，你把子程序忘了吧，程序不用这么长吧？"八戒听唐僧这么一说，愣住了。

八戒，来，还是让为师再给你讲讲吧。

三、谈经论道

1. 什么是子程序

　　能被其他程序调用，在实现某种功能后能自动返回到调用程序去的程序。其最后一条指令一定是返回指令，故能保证重新返回到调用它的程序中去。也可调用其他子程序，甚至可自身调用（如递归）。

2. 调用命令基本知识

　　格式：12　N。12是操作码，N是地址。

N的取值范围：00～99。

3. 命令功能

这个命令是一个两字节的指令。调用命令也是一种特殊的转移命令。它不需要判断条件，直接到所要去的地址执行程序，但又不同于转向命令。调用命令在转到目的地址的同时保存了调用命令所在的地址。这个被记录下的地址在子程序返回时提供返回的标记。

4. 返回命令基本知识

格式：13。13是操作码，没有操作数。

5. 命令功能

这个命令是一个一字节的指令，只有一个操作码，没有操作数。返回命令是存在于子程序之后的命令，表示子程序的结束，同时返回到调用程序中去。

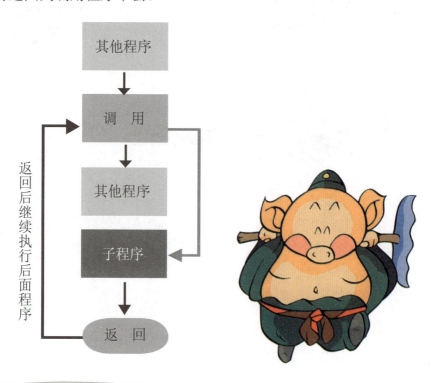

让单片机的0号灯亮1秒，灭1秒。循环显示5次。

这个程序如果不用调用子程序，这个程序就要重复编写5次，需要51个地址（存储单元）。而利用调用子程序命令，只需要22个地址（存储单元）就可以了。是不是利用调用指令就简单多了？

程序编写如下：

地址	程序指令			注释
0.0.	12	11		调用子程序
0.2.	12	11		
0.4.	12	11		
0.6.	12	11		
0.8.	12	11		
1.0.	15			结束
1.1.	00	00		打开0号灯
1.3.	02	01	01	延时2秒
1.6.	01	00		关闭0号灯
1.8.	02	01	01	延时2秒
2.1.	13			返回

这个程序中，地址1.1.至2.0.的程序为子程序。地址2.1.的13也是子程序结束的标志。

这个程序执行的顺序是：运行程序时，程序首先执行第一行的"12　11"这个指令，即从1.1.这个地址开始执行子程序。当运行到最后一行的"13"这个指令时，它会返回到上一次运行调用指令（第一行的"12 11"）的下一行去执行，即运行第二行的"12 11"这个命令。依此类推，当运行完第五次以后，返回到1.0.地址，执行结束指令，程序结束。

经过唐僧的讲解，八戒终于回忆起来子程序的用法。于是把霓虹灯的程序做了修改。果然，程序简短了很多，不一会儿就把程序编好了。编好了程序，八戒有了新的困惑：如何才能显示10次、100次、1000次……咋办？

三、徒弟的新任务

让单片机的0、1、2三个灯跑动三次，间隔0.5秒。

让单片机的0、1、2三个灯跑动三次，间隔0.5秒。就是先让0号灯亮0.5秒，1、2号灯关闭；然后再让1号灯亮0.5秒，0、2号灯关闭；最后让2号灯亮0.5秒，0、1号灯关闭。至此，算是跑动一次。跑动三次，就是用调用指令调用三次即可。

地址	程序指令			注释
0.0.	12	07		调用子程序
0.2.	12	07		调用子程序
0.4.	12	07		调用子程序
0.6.	15			结束
0.7.	00	00		打开0号灯
0.9.	01	01		关闭1号灯
1.1.	01	02		关闭2号灯
1.3.	02	04	00	延时0.5秒

1.6.	01	00		关闭0号灯
1.8.	00	01		打开0号灯
2.0.	02	04	00	延时0.5秒
2.3.	01	01		关闭1号灯
2.5.	00	02		打开2号灯
2.7.	02	04	00	延时0.5秒
3.0.	13			返回

上面的是悟空编写的程序，你做对了吗？

四、徒弟的作业

下面是八戒编写的三色管从左向右按红、黄、绿顺序，亮灯跑动五次的程序，给他挑挑错吧！

地址	程序指令		注释
0.0.	12	10	调用子程序
0.2.	12	10	
0.4.	12	10	
0.6.	12	10	
0.8.	12	10	
1.0.	01	00	0号灯亮红灯，其余灯全灭
1.2.	00	01	
1.4.	00	02	
1.6.	00	04	
1.8.	00	05	

2.0.	00	06		
2.2.	02	04	00	延时0.5秒
2.5.	00	00		1号灯亮黄灯
2.7.	01	02		
2.9.	01	03		
3.1.	02	04	00	延时0.5秒
3.4.	00	02		2号灯亮绿灯
3.6.	01	05		
3.8.	02	04	00	延时0.5秒
4.1.	15			结束

紫金钵盂被盗案

一、师徒纪事

一天早晨，沙僧照例到西游博物馆上班，可他刚到博物馆门前，就被眼前的景象惊呆了。只见博物馆大门敞开，锁被扔在地上。于是沙僧赶忙冲了进去，心想：坏了，出大事了。果然，博物馆的镇馆之宝——紫金钵盂被盗了。沙僧马上通知了师父、猴哥和八戒。

师徒四人在博物馆仔细察看了一番，唐僧问："阿弥佗佛，悟净，为师让你安的防盗报警器，你怎么一直没安？"沙僧说："师父，上次您把这制作报警器的事交给二师兄了，可二师兄却一直没做好，我没办法安啊。""呆子，你又偷懒！"悟空揪着八戒的耳朵说。"猴哥，饶命，不是我偷懒，是……是我上课时又想起了高老庄，想我家娘子，猴哥，还是你帮帮我吧！"

无奈悟空松了手，随八戒去了八戒的小屋。

三、谈经论道

1. 断转指令基本知识

格式：08　N　M。08是操作码，N是检测点代码，M是地址。

N的取值范围：00～15，其中

00～10·········输入0～输入10（11个输入接口）

11·········+1键

12·········−1键

13·········D/A键

14·········WRI写入键

15·········计时标志

M的取值范围：00～99。

2. 命令功能

断转命令和通转指令类似（这个现在先不提，在后边呢），也是有条件的转移指令。它是通过判断我们是否按下约定好的按键，从而决定程序的走向。当我们没有按下约定好的按键时，单片机将"自动"改变程序的运行方向，转向M地址，执行存在于M地址处的程序。如果我们按下约定好的按键，程序将不转向"M地址"，而是保持原有的运行方向，继续向后运行。

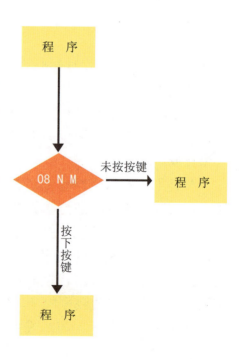

例：按下+1键后先点亮0号灯，2秒后再点亮1号灯，保持4秒后结束。

地址	操作码	操作数		注释
0.0.	08	11	00	没按+1键等待
0.3.	00	00		打开0号灯
0.5.	02	01	01	延时2秒
0.8.	00	01		打开1号灯
1.0.	02	03	01	延时4秒
1.3.	15			结束

　　按键前没有任何的显示，因此在断转命令前不应有其他程序。所以首先应该输入检测是否按下+1键的命令，即08 11 00。当不按+1键时，程序自动转向地址00，反复运行第一条命令。当按下+1键后，单片机不再转向00地址，而是继续向后执行命令。点亮0号灯，延时2秒，再点亮1号灯，保持4秒后结束。

　　经过悟空的讲解，八戒终于明白了断转命令，开始制作防盗报警器了。这回八戒设计了一开关，放在了展品下面，只要东西被拿走，压在展品下面的开关就弹起来，线路就断开了。此时DP801单片机检测到线路断开就报警。设计好报警系统后，八戒编写了这样的程序。

08	00	05	检测线路是否断开
10	00		回到0.0.地址继续检测
03	21	05	报警
10	05		报警保持

为了抓住盗宝贼，悟空想出了一个办法，他让八戒和沙僧向外面散布消息说被盗走的紫金钵盂是个复制品，真的还在博物馆，而且将在4月1日展出。在展出的前一天夜里，一个黑影出现了，当他撬开了博物馆的锁，拿起紫金钵盂时，警报声大作，三兄弟一拥而上，擒住了盗贼，他不是别人，正是牛魔王。

三、徒弟的新任务

想一想：除了这个防盗报警器，你还能设计一个什么有意思的东西呢？

四、徒弟的作业

师父留了作业，八戒写错了，你能帮他改改吗？

1.三色管平时三个灯全部熄灭，当按下k2键时，三个灯一直保持全绿状态（两个错）。

00　00
00　01
00　02
00　03
00　04

```
00    05
08    01    03
01    01
01    03
01    05
10    00
```

2. 数码管循环显示1、7，按下k键后一直显示8（三个错）。

```
00    01
00    02
02    01    01
00    00
02    01    01
08    00    01
00    00
00    06
00    05
00    04
00    03
02    01    01
10    15
```

自动门

一、师徒纪事

　　夏天到了，花果山的桃熟了，悟空见今年的桃又大又圆就打算采一些送给师父和师弟们。中午吃过午饭，悟空拿着鲜桃悄悄地走到了唐僧的房间，悟空见房门关着，心想师父可能是在午睡，所以就打算悄悄进屋放下桃就走。正当悟空走到门口时，突然门开了，吓了悟空一跳，可却没见师父出来。悟空一边琢磨着一边往里走，心想：师父平时不用法术，今天是怎么了？这时候唐僧正在看书，听见门响了，转过头来，"原来是悟空啊，怎么了？有什么事吗？""师父，山上的桃熟了，又大又圆，我给您送两个尝尝，您看！"悟空举起手里的桃接着说道，"师父，您一般不用法术，可今天这门……怎么？""你说这个啊！"唐僧指着门说，"这可是为师的新成果啊！"唐僧说："还记得前两天我给你们讲的单片机吗？这就是用它做出来的，师父现在好好给你讲讲。"

三、谈经论道

1. 通转命令基本知识

格式：09 N M。09是操作码，N是检测点代码，M是地址。

N的取值范围：00～15，其中

00～10………输入0～输入10（11个输入接口）

11………+1键

12………−1键

13………D/A键

14………WRI写入键

15………计时标志

M的取值范围：00～99

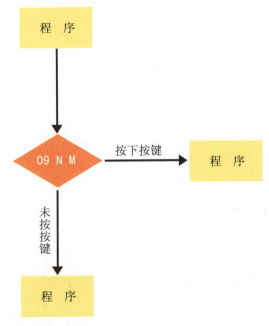

2. 命令功能

通转命令是有条件的转移指令。它是通过判断我们是否按下约定好的按键，从而决定程序的走向的。当我们按下约定好的按键时，单片机将改变程序的运行方向，转向M地址，执行存在于M地址处的程序。如果我们没有按下约定好的按键，程序将保持原有的运行方向，继续向后运行。

举例
分析

例：按下+1键后点亮0号发光二极管，4秒后结束。

0.0.	09 11 05	；判断是否按下+1键
0.3.	10 00	；循环检测
0.5.	00 00	；点亮0号灯
0.7.	02 03 01	；延时4秒
1.0.	15	；结束

分析：在按下+1键前没有任何显示，因此按键前不应有程序。首先输入检测是否按下+1键的命令，即09 11 05。如果没有按下+1键，单片机继续向后运行程序，此时将执行10 00，返回程序的起点，反复检测是否按下+1键。当按下+1键时，单片机将转向05地址执行程序，即执行00 00这条命令。之后是延时4秒，然后结束。

一番讲解之后悟空明白了。原来师父在门上装了电动机和传感器。利用传感器来发现是不是有人要进屋，然后再由单片机控制电动机是开门还是关门。

三、徒弟的新任务

试试看，将下面的空填好，你就完成任务了。

（按+1键，主板6个灯全亮）

```
09 __ __
10 __
00 00
__ 01
__ 02
__ 03
__ 04
00 __
02 __ 01
15
```

四、徒弟的作业

师父留了作业，八戒不会了，你能帮帮他吗？

下面的程序哪错了？

1. 三色管平时三个灯一直显绿色，按下k1键后三个灯一直显红色（六个错）。

```
00 00
00 02
00 04
09 00 09
01 00
01 02
01 04
10 09
```

2.数码管平时不显示，按下k键后循环显示1、2（一个错）。

09　00　00

10　00

00　01

00　02

02　01　01

01　02

00　00

00　05

00　04

00　03

02　01　01

01　00

01　05

01　04

01　03

10　05

花果山旅游

一、师徒纪事

　　最近旅游业很红火，唐僧师徒也看出了旅游业的潜力，所以打算开发花果山旅游。很快他们就购买了设备，办好了手续，花果山景区正式对外开放了。

　　自从花果山景区开放以后，游人络绎不绝，花果山旅游红火极了。可是他们也发现了问题，就是他们没有办法知道正在景区游览的人数，影响了花果山旅游的服务质量。于是师徒四人商量，用单片机制造一个游客统计系统。

　　因为这次的设计关系重大，所以唐僧决定亲自出马设计系统，而他的四个徒弟则按照他的设计要求进行施工。很快系统造好了，而且稳定、可靠。

　　八戒因为前几次的教训，认识到了学习单片机一定要一丝不苟，他一直都想弄明白这个系统是怎么设计的，所以八戒就想让师父讲讲。唐僧看到八戒主动学习，很高兴，于是让八戒叫来了悟空和沙僧，给他们讲解这个游客统计系统是如何设计的。

　　唐僧说："其实这个很简单，我在景区的入口和出口加装了传感器，分别用来检测游客的进入和离开。然后再用单片机进行统计并且显示出来。"八戒问："师父，这个明白了，但程序您怎么设计的呢？"唐僧笑着说："别着急，让我好好给你们讲讲。"

三、谈经论道

1. 送数命令

（1）送数命令基本知识。

格式：04　N。04是操作码，N是要发送的数值。

N的取值范围00～99。

（2）命令功能。

送数指令的功能是向数码管送数。送数指令是两个字节的指令，04是操作码，N为操作数，就是送到数码管的数。它的取值范围为00～99。在DP801单片机只有一个显示存放数据的元件，就是数码管，所有的操作都是对数码管进行的。注意：该命令占用单片机主板数码管，和延时命令有冲突，需要使用奏乐命令代替延时命令，以实现延时效果。

2. 加数命令

（1）加数指令基本知识。

格式：06　N。06是操作码，N是要加的数值。

N的取值范围00～99。

（2）命令功能

这是两个字节的指令。加数指令的功能是将数码管上的数当成被加数，N是加数，相加的结果送数码管显示。注意：该命令占用单片机主板数码管，和延时命令有冲突，需要使用奏乐命令代替延时命令，以实现延时效果。

3. 减数命令

（1）减数命令基本知识。

格式：07　N。07是操作码，N是要减去的数值。

N的取值范围00～99。

（2）命令功能。

这是两个字节的指令。减数指令的功能是将数码管上的数当成被减数，N是减数，相减的结果送数码管显示。注意：该命令占用单片机主板数码管，和延时命令有冲突，需要使用奏乐命令代替延时命令，以实现延时效果。

例：游客统计系统

地址	操作码	操作数	注释
0.0.	04	00	屏幕初始显示00。
0.2.	09	00 15	如果游客离开，程序转到1.5.地址进行处理。
0.5.	08	01 02	游客没进入则会到0.2.处理，进入景区则执行下面命令。
0.8.	09	01 08	锁定，确保游客进入景区后才加数，确保计数正确。
1.1.	06	01	数码管加1。
1.3.	10	02	转到0.2.处理。
1.5.	09	00 15	锁定，确保游客离开景区后才减数，确保计数正确。
1.8.	07	01	数码管减1。
2.0.	10	02	回到0.2.处执行程序。

经过师父的讲解，悟空、八戒和沙僧彻底明白这个系统是如何设计的了。三个人的单片机设计水平又有了很大进步。

三、徒弟的新任务

想一想：能不能在运行程序后，"+1"键和"-1"键的功能互换？

四、徒弟的作业

师父留了作业，悟空、沙僧都会了，快帮帮八戒吧！

1. 做一个每隔0.8秒就自动加1的程序，怎么办呢，排个序吧！

04 ___

10 ___

03　00　05

06

2. 做一个每隔0.8秒就自动减1的程序，怎么办呢，排个序吧！

04 ___

10 ___

07 ___

03　00　05

密码箱

一、师徒纪事

　　花果山旅游业发展很快，所以唐僧设计了一种密码箱，送给了他的三个徒弟用来存放贵重物品。密码箱很好用，但是徒弟们就是不知道这程序是怎么设计的。于是，在悟空的带领下，八戒和沙僧来到了师父的房间。

　　"师父，给我讲讲您设计的密码箱吧，这个程序我们还没学过呢。"三个徒弟异口同声地说。唐僧说："你们三个跟我学单片机也不是一天两天了，所以这次我打算让你们自己研究研究，然后写一个研究报告交给我。""来，这是密码箱的设计图纸。"唐僧接着说，"另外，这个是你们要自学的命令。记住密码箱要用+1和-1键调整密码，用写入键确认，要使用主板上的数码管来显示输入的密码。"唐僧说着翻开一本书，用手指着上面的单片机命令。

　　三个徒弟看着书上的命令，开始研究起来。

1. 数相等转命令基本知识

格式：11　N　M。11是操作码，N是预制数值，M是地址。

N的取值范围：00～99。

M的取值范围：00～99。

2. 命令功能

这个命令是一个三个字节的指令。数相等转命令也是一种条件转移命令，只是判断的条件变成了主板数码管所显示的数值。这条命令的功能是比较数码管上的数与N是否相等，若相等，则转到地址M去执行指令，否则执行下一条指令。

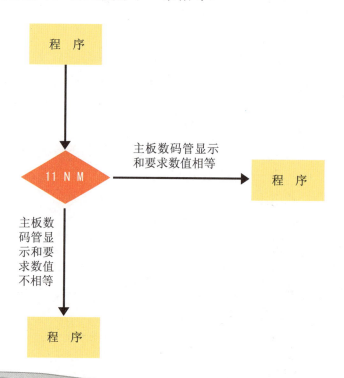

举例分析

例：自动计数

地址	操作码	操作数	注释
0.0.	04	00	将00送数码管显示
0.2.	11	05 19	比较数码管上的数是否等于5，是则执行地址1.9.的指令，否则往下执行
0.5.	00	02	点亮2号发光二极管
0.7.	03	00 01	奏休止符代替延时
1.0.	01	02	关闭2号发光二极管
1.2.	03	00 01	奏休止符代替延时
1.5.	06	01	将数码管中的数加1
1.7.	10	02	转回到0.2.地址
1.9.	15		结束

　　功夫不负有心人，悟空、八戒和沙僧对着书自学了一番，把数相等转命令弄明白了，同时也把密码箱的程序弄清楚了。三个人又研究了硬件设施，原来师父是用单片机来控制一个电动机，从而实现密码箱的开和锁。

三、徒弟的新任务

想一想：这是密码箱的基本程序，试着把它填出来吧？

04　00
09　14　__
09　11　__
08　12　__
07　01
09　__　13
10　__
06　__
09　__　20
10　__
11　__　__
10　02
00　00
02　05　00
01　00
08　00　35
00　01
02　05　00
01　01
10　00

四、徒弟的作业

　　师父留了作业，悟空、八戒和沙僧都觉得难，你来试试吧！

　　做一个两位密码的密码箱程序。

_____

_____

_____

_____

_____

定时器

一、师徒纪事

　　花果山通网了，三个徒弟，上网玩得可高兴了，每天都玩到深夜。唐僧很担心，于是就规定了上网时间，悟空和沙僧还好，能够遵守制度，可八戒却屡次违反规定。为了教育八戒，唐僧设计了定时器，安装在八戒的网线上。

　　这天八戒正在网上玩着，突然，八戒发现上不去网了，这下可急坏了，弄了半天也没弄好，第二天依旧是一会儿就断网了。八戒很是不解就去问师父，"师父，为什么这几天会突然断网啊？"唐僧有点儿生气说："你还记得上网时间的规定吗？""这……"八戒红着脸不知道说什么好了。唐僧说："你的师兄和师弟都能遵守规定，怎么你就不行啊？我给你的网线上装了定时器，就是为了教育你。"唐僧接着说："我做这个定时器就是为了规定你的上网时间，让你有良好的生活习惯，以后不要玩得这么晚了。""是，师父。"八戒说，"师父，那您的这个定时器是怎么设计的呢？"唐僧说："把悟空和沙僧叫来，我给你们一起讲。"

　　八戒找来了悟空和沙僧，师徒四人一起研究起了定时器。

三、谈经论道

1.计时命令基本知识

格式：16　N　M。16是操作码，N是时间多少，M是时间单位。计时标志：15

N的取值范围00～99。

M的取值范围00～03。

00——以0.1秒为单位

01——以1秒为单位

02——以1分钟为单位

03——以1小时为单位

2.命令功能

计时命令可以启动单片机的计时功能，同时启用计时标志。在计时完成时，计时标志会发生变化。计时命令不同于延时命令，计时启动后，单片机将继续执行计时启动命令之后的程序，但延时命令则是在延时完成后再执行其他命令。由于计时命令有计时标志，所以计时命令需要使用通转或断转命令配合才能实现功能。

例：输入下面程序并查看效果。

地址	指令机器码			注释
0.0.	04	00		显示初始值00
0.2.	16	30	01	计时30秒
0.5.	08	12	05	是否按下-1键，未按则等待
0.8.	09	12	08	是否抬起-1键，未抬则等待
1.1.	06	01		显示数值+1
1.3.	08	15	05	时间未到，继续
1.6.	00	00		点亮0号发光二极管
1.8.	02	05	01	延时5秒
2.1.	15			结束

定时器的原理唐僧讲明白了，八戒也受了教育，于是大家一起遵守上网时间的规定，三个徒弟，再没有彻夜上网玩游戏了。

三、徒弟的新任务

想一想，设计一个在20秒内输入密码的程序。

四、徒弟的作业

师父留了作业，八戒不知道对不对，你能帮他检查一下吗？（一个错）

地址	程序			注释
0.0.	04	00		显示初始值00
0.2.	16	40	01	计时40秒
0.5.	00	02		点亮2号发光二极管
0.7.	03	00	06	延时
1.0.	01	02		关闭2号发光二极管
1.2.	03	00	06	延时
1.5.	06	01		显示+1
1.7.	08	15	04	时间是否到达，未到继续
2.0.	03	00	06	延时
2.3.	15			结束

自动换气扇

一、师徒纪事

　　冬天到了，又到了感冒高发季节，唐僧要求徒弟们要每天开窗通风。悟空和沙僧都牢记师傅的嘱咐，每天都开窗通风，可是八戒却没把师父的话当回事，每天都门窗紧闭。

　　唐僧见八戒每天都忘记开窗户，悟空和沙僧每天开窗通风也觉得麻烦。于是唐僧就设计了一种自动换气扇送给了三个徒弟。有了这个换气扇悟空和沙僧省事多了，倒是八戒对这个换气扇有点好奇。每天早上天一亮换气扇就准时启动，20分钟以后又停止运转。八戒不明白换气扇是怎么设计的，于是就跑到师父的房间，要问个究竟。八戒问："师父，您送给我们的换气扇是怎么设计的？天亮就转，20分钟就停。"唐僧看八戒这么好奇，于是就拿出了换气扇的设计图，给八戒讲了起来。

三、谈经论道

什么是继电器实验板？

继电器板采用3伏直流小继电器（继电器就是依靠电转化为磁的一种开关，简称电磁开关），它的外观见图1，接线见图2，图3是从继电器下方向上看的仰角排列情况。

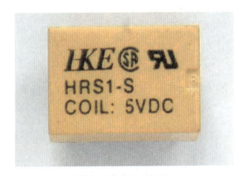

图1　继电器实物

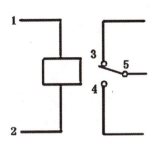

图2　继电器内部结构

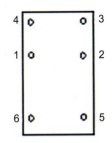

图3　继电器仰视图

从图2、图3中可以看出：1和2是继电器线圈的两端，3是常闭点，4是常开点，5和衔铁相连。

继电器实验板的特点

1.继电器板的外观见图4。

图4 继电器板的外观图

从图4可以看出：左边的26根插针通过扁平线和DP801单片机相连。

2.单排6个插孔包括4路输出（CHU0～CHU3）和两路输入（1LU和2LU），使用时可将4路输出中的任意两路和输入相连，然后进行编程练习。

3.继电器板的右下角有两组共14根插针，上面的12根插针，当4块短路块全插在每行靠左边的两根插针上，选择与单片机使用同一个电源，只控制继电器板上的三色管；4块短路块全插在每行靠右边的两根插针上，选择的是外接电源，右下角的两根插针为输出，标有W-CHU1和W-CHU2，用它可直接控制电机。板上的电源插座是供电机使用的电源。

用什么命令才能使继电器工作呢？

接通指令：00　N；　　断开指令：01　N。

使用接通指令和断开指令控制，实际上是利用单片机输出端口的电位变化控制继电器的吸合或分离，从而控制输出端的电位变化，使电动机转动。

举例
分析

　　用DP801控制小风扇，正转3秒，反转3秒不断循环。电路连接，CHU0与1LU相连、CHU1和2LU相连。接上供小风扇电机使用的电源，将4块短路块全都插在每行靠右边的两根插针上，小风扇电机的两端分别接在标有W-CHU1和WCHU2的两根插针上即可。程序清单如下：

地址	指令机器码	注释
0.0.	00 00	启动小风扇正转
0.2.	02 02 01	延时3秒
0.5.	01 00	关闭小风扇
0.7.	02 02 01	延时3秒
1.0.	00 01	启动小风扇反转
1.2.	02 02 01	延时3秒
1.5.	01 01	关闭小风扇
1.7.	02 02 01	延时3秒
2.0.	10 00	重复

经过师父的讲解，八戒终于明白了换气扇是如何设计的了。原来，师父除了使用了继电器实验板，还使用了光敏电阻，用来探测天是不是亮了。再配合之前学过的通转或断转命令就做成了换气扇。

三、徒弟的新任务

设计一个程序利用两路输出控制CHU2和CHU3驱动小风扇，正转4秒，反转2秒，不断循环。

地址	指令机器码			注释
0.0.	00	02		启动小风扇正转
0.2.	02	03	01	延时4秒
0.5.	01	02		关闭
0.7.	02	01	01	延时2秒
1.0.	00	03		启动小风扇反转
1.2.	02	01	01	延时2秒
1.5.	01	03		关闭小风扇
1.7.	02	01	01	延时2秒
2.0.	10	00		重复

四、徒弟的作业

　　现在小风扇能够正常工作了，但是在现实中，风扇的开关控制较为繁琐，我们可以把它制成各种控制。下面就以温控为例。

　　1.制作温控小风扇的输出、输入板。

　　2.组装。

　　3.编程调试。

　　第一步：接通电源，此时输入板、输出板和单片机都与电源接通。单片机的数码管都亮。

　　第二步：调节输入板上的热敏电阻使得输入板上最左侧的二极管刚好灭。

　　第三步：向单片机输入程序。

　　第四步：运行程序。

　　第五步：给热敏电阻加热，直至输入板上的最左侧的二极管由灭转为亮，这时小风扇就应该开始转动。

　　第六步：查看风扇的转动方向，调整程序。

程序

地址	指令机器码	注释
0.0.	09 00 20	检测热敏电阻
0.3.	01 00	使小风扇电源0号接口保持高电位
0.5.	01 01	使小风扇电源1号接口保持高电位
0.7.	02 01 01	延时2秒
1.0.	10 00	转到开始，检测热敏电阻
2.0.	00 00	接通小风扇电源
2.2.	01 01	使小风扇电源1号接口保持高电位
2.4.	02 01 01	延时2秒
2.7.	10 00	重复

花果山的地铁

一、师徒纪事

　　花果山有了公交车，又要通地铁了。这回自动报站又出了问题。因为地铁车厢人多，行驶噪音又有点大。所以总是听不清车厢里的报站提示。唐僧师徒四人在会议室聚齐了，开会商量这个问题。

　　悟空说："我们安装一些液晶屏幕吧，技术上不成问题。"唐僧说："为师知道你技术过硬，但是安装液晶屏幕成本有点儿高。咱们再想想。""师父，咱们还是再多安点儿喇叭吧，然后把声音再放大点儿。"八戒说。唐僧说："喇叭虽然成本低，但是改动太大，而且也比较费电，不节能啊！"沙僧想了想说："师父，咱们用您教我们的三色管怎么样？这样成本低改动也不大，而且还很节能啊！"几个人看着沙僧，师傅说："快说说你的想法。"于是沙僧说出了自己的设想。

什么是三色管实验板？

　　三色管是一种能够发出红、绿和黄三种颜色光的发光二极管。单片机数码管实验板外观如图1所示。

图1　单片机数码管实验板外观

三色管实验板有什么特点呢？

　　每个三色管中都存在红、绿两个发光二极管，见图2所示。只有红色发光二极管发光时，三色管显红色。仅仅绿色发光二极管发光，三色管就显绿色。如果红、绿发光二极管都发光，三色管就显黄色。每个发光二极管的代码见图2。其中红色是00、02和04；绿色是01、03和05（偶数是红色；奇数是绿色，这是由电路的连接方式决定的）。

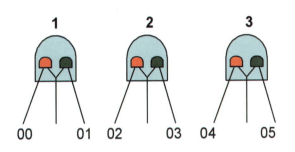

图2 三色管中的发光二极管的代码

三色管在单片机开机复位后，00～05发光二极管全亮，即三灯均显示黄色。

另外在三色管实验板上还有两个按键，即K1键和K2键，它们的代码分别是00和01。

CHU0接1，CHU1接2，……CHU5接6。即CHU分别与三色管的六段引出端 1～6 用线连接（用线将对应端焊死）。如图3所示。

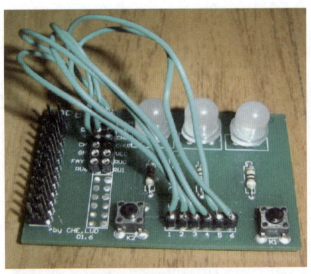

图3 三色管连线

全国青少年校外教育活动指导教程丛书

用什么命令才能使数码管工作呢？

控制三色管显示不同颜色，实际上就是控制三色管内部的两种发光二极管，即控制00---05号发光二极管。控制它们开、关的命令是接通和断开命令，即00 N和01 N。其中 01 N是点亮，00 N是关闭（注意：三色管使用的命令和数码管共阳管的命令相反）。

因为，开机后三色管是接通的，所以点亮红色就是关闭绿色即00 01。同理点亮绿色就是关闭红色，即00 00。如果全部关闭，即00 00，00 01，显示白色。

举例分析

1.1号管显示红色4秒钟，同时关闭其他三色管。

0.0.	00	01		关闭01号发光二级管（1号灯绿色部分）
0.2.	00	02		关闭02号发光二级管（2号灯红色部分）
0.4.	00	03		关闭03号发光二级管（2号灯绿色部分）
0.6.	00	04		关闭04号发光二级管（3号灯红色部分）
0.8.	00	05		关闭05号发光二级管（3号灯绿色部分）
1.0.	02	03	01	延时4秒
1.3.	15			结束

2.1号管按红、黄、绿的顺序循环点亮。

0.0.	00	01		关闭01号发光二级管（1号灯绿色部分）
0.2.	02	05	00	延时0.6秒
0.5.	01	01		点亮01号发光二级管（1号灯绿色部分）
0.7.	02	05	00	延时0.6秒
1.0.	00	00		关闭00号发光二级管（1号灯红色部分）

1.2.	02	05	00	延时0.6秒
1.5.	01	00		点亮00号发光二级管（1号灯红色部分）
1.7.	10	00		循环

经过师徒四人的实验，终于大家在花果山的地铁上安装了指示灯。沙僧设计在车厢的路线牌上每个站名的上方安装一个三色管，到过的站显示绿色，没到的站显示红色，而即将要到的站显示黄色，而且还一直闪烁。

这样一来地铁报站的问题彻底解决了。

三、徒弟的新任务

让红色灯从左向右跑动

0.0.	01	00		点亮00号发光二级管（1号灯红色部分）
0.2.	00	01		关闭01号发光二级管（1号灯绿色部分）
0.4.	00	02		关闭02号发光二级管（2号灯红色部分）
0.6.	00	03		关闭03号发光二级管（2号灯绿色部分）
0.8.	00	04		关闭04号发光二级管（3号灯红色部分）
1.0.	00	05		关闭05号发光二级管（3号灯绿色部分）
1.2.	02	02	00	延时0.3秒
1.5.	00	00		关闭00号发光二级管（1号灯红色部分）
1.7.	01	02		点亮02号发光二级管（2号灯红色部分）
1.9.	02	02	00	延时0.3秒

2.2.	00 02		关闭02号发光二级管（2号灯红色部分）
2.4.	01 04		点亮04号发光二级管（3号灯红色部分）
2.6.	02 02	00	延时0.3秒
2.9.	10 00		循环

四、徒弟的作业

1.不按键时三色管为黄色，先按K1键三个灯均为红色，再按K2键均为绿色。

0.0.	08	00	00
0.3.	00	01	
0.5.	00	03	
0.7.	00	05	
0.9.	08	01	09
1.2.	01	01	
1.4.	01	03	
1.6.	01	05	
1.8.	00	00	
2.0.	00	02	
2.2.	00	04	
2.4.	08	00	24
2.7.	01	00	
2.9.	01	02	
3.1.	01	04	
3.3.	10	00	

2. 三色管绿灯从左向右显示（每次只显示一盏灯），跑动8次，用主板数码管计数，满8次用声音提示。

0.0.	04	00			
0.2.	01	01			
0.4.	00	00			
0.6.	00	02			
0.8.	00	03			
1.0.	00	04			
1.2.	00	05			
1.4.	03	00	01	休止	1/8拍
1.7.	00	01			
1.9.	01	03			
2.1.	03	00	01	休止	1/8拍
2.4.	00	03			
2.6.	01	05			
2.8.	03	00	01	休止	1/8拍
3.1.	00	05			
3.3.	06	01		加数1	
3.5.	11	08	40	数相等转	
3.8.	10	02			
4.0.	03	21	05	奏乐	高音1
4.3.	03	22	05	奏乐	高音2
4.6.	03	23	05	奏乐	高音3
4.9.	15				

一、师徒纪事

　　花果山为了发展旅游业，决定在景区里通公交车。可是渐渐大家发现传统的车辆路号牌不美观而且也容易退色，于是唐僧决定使用单片机和数码管来显示公交车的路号。

　　悟空学习好，所以这个任务唐僧打算交给悟空。可是八戒不干了，非要师父把这个任务交给他。没办法，唐僧见八戒极力坚持就把这个任务交给八戒了，但是唐僧还是有点不放心，所以让悟空和沙僧给八戒帮忙。没过多久，八戒还真的把任务完成了。唐僧很惊讶，也很高兴，问八戒："八戒，这真的是你自己做的？没让悟空和沙僧帮忙？""那当然，我老猪如今也知道好好学了，当然能独立完成您给的任务了。"八戒自豪地说。沙僧说："师父，是真的，这回可是二师兄自己做的，没要大师兄和我帮忙。"唐僧非常高兴："好，八戒，这回你做的不错，和师父说说，你是怎么做实验的？"八戒拍着胸脯说："师父，您看好了，我就是用这些做的实验。"八戒指着桌子上放的数码管扩展板，讲了起来。

三、谈经论道

什么是数码管实验板？

单片机数码管实验板外观如图1所示。数码管其实是由条状发光二极管组成"8"字形的显示器件，各元件分布如图2所示。

图1 单片机数码管实验板外观

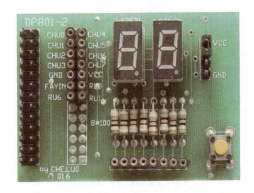

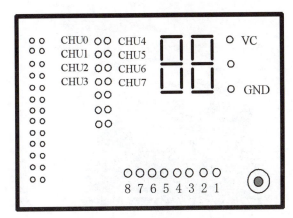

图2 单片机数码管实验板各元件分布图

数码管实验板有什么特点呢?

1.数码管从连接的极性上分为共阴与共阳两种。

共阳型：跳线插在" VCC "，通电后字段不亮。

共阴型：跳线插在" GND "，通电后字段亮。

2.数码管实验板简介。

（1）数码管板左边的26根插针通过扁平线和DP801单片机相连。见图3。

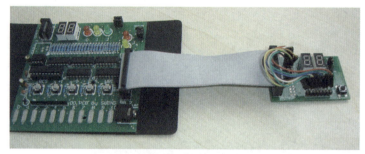

图3 数码管板与DP801单片机相连

（2）双排14个插孔中的CHU0~CHU7为DP801单片机的8路输出，给数码管提供输入信号。接线见图4。

图4 给数码管提供输入信号接线

（3）数码管板右上角的4根插针供读者选择使用共阳或是共阴数码管，短路块连接上方的两根插针，为共阳；短路块连接下方的两根插针，为共阴。

（4）数码管板中的K1键和DP801单片机的输入0相连接，用它们可以控制程序的走向。

（5）数码管各字段代码如图5所示。右下角按键代码是00。

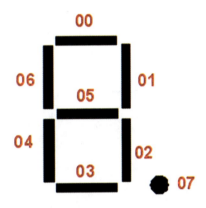

图5 数码管各字段代码

用什么命令才能使数码管工作呢？

1.数码管共阳接法：

接通指令：00　N；　　断开指令：01　N。

2.数码管共阴接法：

接通指令：01　N；　　断开指令：00　N。

图5所介绍的数码管各段与输出口之间的关系，它是DP801单片机控制数码管板扩展的依据。

1. 利用共阳数码管显示1。

0.0.	00	01		点亮01号发光二级管
0.2.	00	02		点亮02号发光二级管
0.4.	02	04	01	延时5秒
0.7.	15			结束

2. 利用共阳数码管显示1、3、5。

0.0.	00	01		点亮01号发光二级管
0.2.	00	02		点亮02号发光二级管
0.4.	02	01	01	延时2秒
0.7.	00	00		点亮00号发光二级管
0.9.	00	05		点亮05号发光二级管
1.1.	00	03		点亮03号发光二级管
1.3.	02	01	01	延时2秒
1.6.	01	01		关闭01号发光二级管
1.8.	00	06		点亮06号发光二级管
2.0.	02	01	01	延时2秒
2.3.	01	00		关闭00号发光二级管
2.5.	01	06		关闭06号发光二级管
2.7.	01	05		关闭05号发光二级管
2.9.	01	03		关闭03号发光二级管
3.1.	10	00		循环

利用共阳数码管循环显示APbLE

0.0.	00	00		点亮00号发光二级管
0.2.	00	06		点亮06号发光二级管
0.4.	00	04		点亮04号发光二级管
0.6.	00	01		点亮01号发光二级管
0.8.	00	02		点亮02号发光二级管
1.0.	00	05		点亮05号发光二级管
1.2.	02	01	01	延时2秒
1.5.	01	02		关闭02号发光二级管
1.7.	02	01	01	延时2秒
2.0.	01	00		关闭00号发光二级管
2.2.	01	01		关闭01号发光二级管
2.4.	00	02		点亮02号发光二级管
2.6.	00	03		点亮03号发光二级管
2.8.	02	01	01	延时2秒
3.1.	01	05		关闭05号发光二级管
3.3.	01	02		关闭02号发光二级管
3.5.	02	01	01	延时2秒
3.8.	00	05		点亮05号发光二级管
4.0.	00	00		点亮00号发光二级管
4.2.	02	01	01	延时2秒
4.5.	01	03		关闭03号发光二级管
4.7.	10	00		循环

四、徒弟的作业

1.利用共阳数码管循环显示1、3、5，按K1键循环显示0、2、4。

0.0.	09	00	36
0.3.	00	01	
0.5.	00	02	
0.7.	02	01	01
1.0.	00	00	
1.2.	00	05	
1.4.	00	03	
1.6.	02	01	01
1.9.	01	01	
2.1.	00	06	
2.3.	02	01	01
2.6.	01	00	
2.8.	01	03	
3.0.	01	05	
3.2.	01	06	
3.4.	10	00	
3.6.	00	00	
3.8.	00	01	
4.0.	00	02	
4.2.	00	03	
4.4.	00	04	
4.6.	00	06	
4.8.	02	01	01

```
5. 1.    01    06
5. 3.    01    02
5. 5.    00    05
5. 7.    02    01    01
6. 0.    01    00
6. 2.    01    03
6. 4.    01    04
6. 6.    00    02
6. 8.    00    06
7. 0.    02    01    01
7. 3.    01    05
7. 5.    01    06
7. 7.    10    00
```

2. 利用共阴数码管显示1、3、5、7（挑错）。

```
0. 0.    00    00
0. 2.    00    03
0. 4.    00    04
0. 6.    00    05
0. 8.    00    06
1. 0.    00    07
1. 2.    02    01    01
1. 5.    01    00
1. 7.    01    03
1. 9.    01    05
2. 1.    02    01    01
2. 4.    01    06
2. 6.    00    01
2. 8.    02    01    01
3. 1.    01    00
```

运输车

一、师徒纪事

    这几年花果山为了保护环境投入了不少的人力、物力，最近又新建了一个垃圾分类处理站，效果不错。但是由于处理站的噪音有点儿大，所以设计的时候就建在了后山，可这样一来每天运垃圾就成了麻烦事。于是唐僧利用单片机技术设计了一个垃圾运输车，又在通往处理站的路上设置了黑色的引导线，每次只要唐僧一按启动按钮，运输车就自动地把垃圾运到处理站，并且还能原路返回。

    三个徒弟一次在运垃圾的路上看到了运输车，非常好奇，于是就跟踪这辆运输车。当运完垃圾，他们跟着运输车来到了师父的房间。于是，悟空就问师父："师父，这是您设计的什么好东西啊？能自己倒垃圾，还能自己回来。"唐僧说："这是我前两天设计的垃圾运输车，他能按照我画的引导线前进，所以就能自己倒垃圾，还能自动返回了。"八戒说："这么好啊，师父教教我们，让我们也设计一个吧！"沙僧说："是啊，师父，教教我们吧！"唐僧说："看你们这么好学，好吧，我来给你们讲讲。"说着唐僧拿出了设计图纸，给三个徒弟讲了起来。

三、谈经论道

什么是光电传感器？

　　光电传感器是采用光电元件作为检测元件的传感器。它首先把被测量的变化转换成光信号的变化，然后借助光电元件进一步将光信号转换成电信号。光电传感器一般由光源、光学通路和光电元件三部分组成。光电检测方法具有精度高、反应快、非接触等优点，而且可测参数多，传感器的结构简单，形式灵活多样，因此，光电式传感器在检测和控制中应用非常广泛。

光电传感器都有哪些种类，又是怎么工作的呢？

　　1. 槽型

　　把一个光发射器和一个接收器面对面地装在一个槽的两侧的是槽型光电。发光器能发出红外光或可见光，在无阻碍情况下光接收器能收到光。但当被检测物体从槽中通过时，光被遮挡，光电开关产生相应的动作。输出一个开关控制信号，切断或接通负载电流，从而完成一次控制动作。槽型开关的检测距离因为受整体结构的限制一般只有几厘米。

　　2. 对射型

　　若把发光器和收光器分离开，就可使检测距离加大。由一个发光器和一个收光器组成的光电开关就称为对射分离式光电开关，简称对射式光电开关。它的检测距离可达几米乃至几十米。

使用时把发光器和收光器分别装在检测物通过路径的两侧，检测物通过时阻挡光路，收光器就输出一个开关控制信号。

3. 反光板型

把发光器和收光器装入同一个装置内，在它的前方装一块反光板，利用反射原理完成光电控制作用的称为反光板反射式(或反射镜反射式)光电开关。正常情况下，发光器发出的光被反光板反射回来被收光器收到；一旦光路被检测物挡住，收光器收不到光时，光电开关就执行动作，输出一个开关控制信号。

4. 扩散反射型

它的检测头里也装有一个发光器和一个收光器，但前方没有反光板。正常情况下发光器发出的光，收光器是找不到的。当检测物通过时挡住了光，并把光部分反射回来，收光器就收到光信号，输出一个开关信号。使用这种类型的传感器可以区分黑白颜色和检测前方是否有障碍物。图1和图2是常用两种扩散反射型光电传感器。

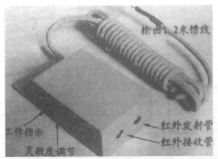

图1

图2

在使用DP801作电子作品时可以使用各种传感器，其中光电传感器是比较常用的。

怎么选择光电传感器呢？

DP801的工作电压是4.5V～6V，因此在选择光电传感器时要注意它的工作电压要和DP801扩展接口提供的电压一致，通常选用5V电压。传感器在工作时最好保持电压不变，如果电压比传感器工作电压高很多，有可能烧毁传感器；如果电压比传感器工作电压低很多，有可能导致判断错误。

怎么才能测试光电传感器呢？

下面以判断黑白颜色的光电传感器为例，用两种方法检测传感器是否能正确工作。

①用万用表检测：测试工具有白纸、万用表和电池。

图3

接线见图3，图中所用传感器有三条导线：红线是正极，蓝线是负极，黄线是检测信号输出，电位器可以调节测试灵敏度。当传感器对着白纸时，万用表测试到的电压是5.77V。

图4中传感器探头向上，没有接收到白纸反射回来的光，相当于检测到黑色，万用表测试到的电压是0.03V。因为传感器在照射白色和黑色时输出电压不同，将电压输入到DP801的输入端口上，单片机就可以做出相应的判断。

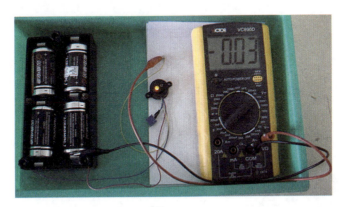

图4

②用DP801 检测：单片机扩展接口定义见图5。

编号	引脚作用	编号	引脚作用
26	输出口0	25	输出口4
24	输出口1	23	输出口5
22	输出口2	21	输出口6
20	输出口3	19	输出口7
18	电源负	17	电源正
16	喇　叭	15	输入0
14	输入6	13	输入1
12	输入3	11	输入5
10	输入4	9	输入2
8	输入7	7	输入8
6	输入9	5	输入10
4	+1键	3	-1键
2	D/A键	1	WRI键

图5 单片机扩展接口定义

将传感器电源线和单片机电源端口接好，信号线和输入1端接好。输入程序：

08 01 00

00 00

02 05 01

01 00

10 00

运行程序后，将探头对着白色，距离5mm左右，单片机0号发光二极管亮5秒后关闭，探头对着黑色，0号发光二极管不发光。

三、徒弟的新任务

小车寻迹原理

光电传感器可广泛用于各种自动检测、自动报警和自动控制等装置中，如：行程限位器、光电计数器、接近式照明开关、自动干手器、自控水龙头、感应门铃和倒车警告电路等。下面介绍光电传感器在寻迹小车上应用。

这里的循迹是指小车在白色地板上循黑线行走，通常采取的方法是红外探测法。红外线具有极强的反射能力，应用广泛，采用专用的红外发射管和接收管可以有效地防止周围可见光的干扰，提高系统的抗干扰能力。红外探测法，即利用红外线在不同颜色的物体表面具有不同的反射性质的特点，在小车行驶过程中不断地向地面发射红外光，当红外光遇到白色纸质地板时发生漫反射，反射光被装在小车上的接收管接收；如果遇到黑线则红外光被吸收，小车上的接收管接收不到红外光。单片机就用是否收到反射回来的红外光为依据来确定黑线的位置和小车的行走路线。红外传感器探测距离有限，一般最大不应超过1.5cm。对于发射和接收红外线的红外探头，可以自己制作或直接采用集成式红外探头。

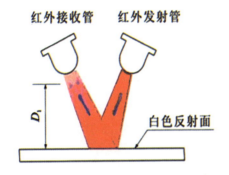

图6 白色反射面下的红外反射

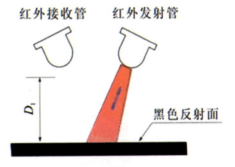

图7 黑色反射面下的红外吸收

传感器安装位置见图8。小车启动进入循迹模式后，即开始不停地扫描与传感器连接的单片机输入口，一旦检测到某个输入口有信号，即进入判断处理程序，先确定传感器中的哪一个探测到了黑线，如果左面传感器探测到黑线，即小车左半部分压到黑线，车身向右偏出，此时应使小车向左转；如果是右面第一级传感器探测到了黑线，即车身右半部压住黑线，小车向左偏出了轨迹，则应使小车向右转。在经过了方向调整后，小车再继续向前行走，并继续探测黑线重复上述动作。

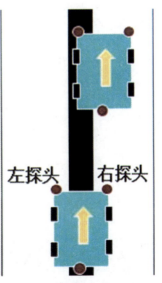

图8 传感器安装位置

四、徒弟的作业

师父留了作业，八戒不会了，你能帮帮他吗？

1.说说光电传感器都有哪些种类？

2.说说小车寻迹的原理？

花果山的比赛

一、师徒纪事

　　悟空、八戒和沙僧三人学习单片机已经有些日子了，唐僧想看看他们的技术如何，于是决定办个比赛，考察考察。

　　为了保证公平，唐僧让三个徒弟在编写程序以前先把单片机内存清空。另外为了保证安全，决定单片机的电源一律使用电池供电。同时，唐僧又提出了节能要求，由于单片机主板上的数码管比较费电，所以他让徒弟们在运行程序的时候要把主板数码管关闭。

　　于是在这一年的秋天，花果山单片机竞赛正式开始了。唐僧出了两道题：一道用数码管扩展板显示，另一道用三色管扩展板显示，记录每道题的时间，然后再算出总成绩。三个徒弟早就跃跃欲试了。唐僧检测了他们的设备后，下令比赛开始，三个徒弟快速地编起程序来。

三、谈经论道

1. 运行方式命令

（1）运行方式命令基本知识。

格式：14　N。14是操作码，N是模式选择的代码。

N的取值范围为00和02。

（2）命令功能。

运行方式命令能够将单片机内存中的程序全部清除，当N为02时，表示清除。N为00时表示连续运行，即保持当前状态。

2. 显示命令

（1）显示命令基本知识。

格式：05　N。05是操作码，N是模式选择的代码。

N的取值范围为00和01。

（2）命令功能。

显示命令是控制单片机主板上的数码管在运行程序时显示与否的命令。N为00时表示关闭主板数码管，N为01时表示开启主板数码管显示。主板数码管是否关闭不影响送数、加数、减数和数相等转命令，只是把数码管关闭而已，要显示的内容仍然在单片机中运行。

例1：将内存中的程序清空成15。

地址	操作码	操作数	注释
0.0.	14	02	清空程序
0.2.	15		结束

例2：在运行程序时关闭主板数码管显示，同时数码管扩展板闪烁显示1五次，结束。

地址	操作码	操作数		注释
0.0.	05	00		关闭主板数码管显示。
0.2.	04	00		送初始值00
0.4.	06	01		显示+1
0.6.	00	00		开0号灯
0.8.	00	01		开1号灯
1.0.	03	00	04	延时
1.3.	01	00		关0号灯
1.5.	01	01		关1号灯
1.7.	03	00	04	延时
2.0.	11	05	25	判断是否运行5次
2.3.	10	04		返回0.4.地址处运行程序
2.5.	15			结束

比赛结果很快就出来了，悟空最好，两道题都最先做完。八戒和沙僧并列第二，虽然两个人两道题用时不同，但两题的总用时却恰好一样。唐僧看到徒弟们已经能很熟练地使用单片机了，心里十分高兴。

三、徒弟的新任务

先清空程序，然后编一个用三色管扩展板三个灯同时红、绿交替闪烁的程序，记得主板数码管要关闭。看看你用多少时间能编完？

四、徒弟的作业

师父留了作业，大家都会了，你呢？

1.用数码管扩展板显示1、2、3、4，奇数的时候主板数码管要关闭，是偶数的时候主板数码管要开启。

2.主板数码管随三色管1号灯变红而开启，变绿而关闭。排一下顺序吧！

00　00

02　05　00

10　00

05　01

05　00

02　05　00

01　01

01　00

00　01